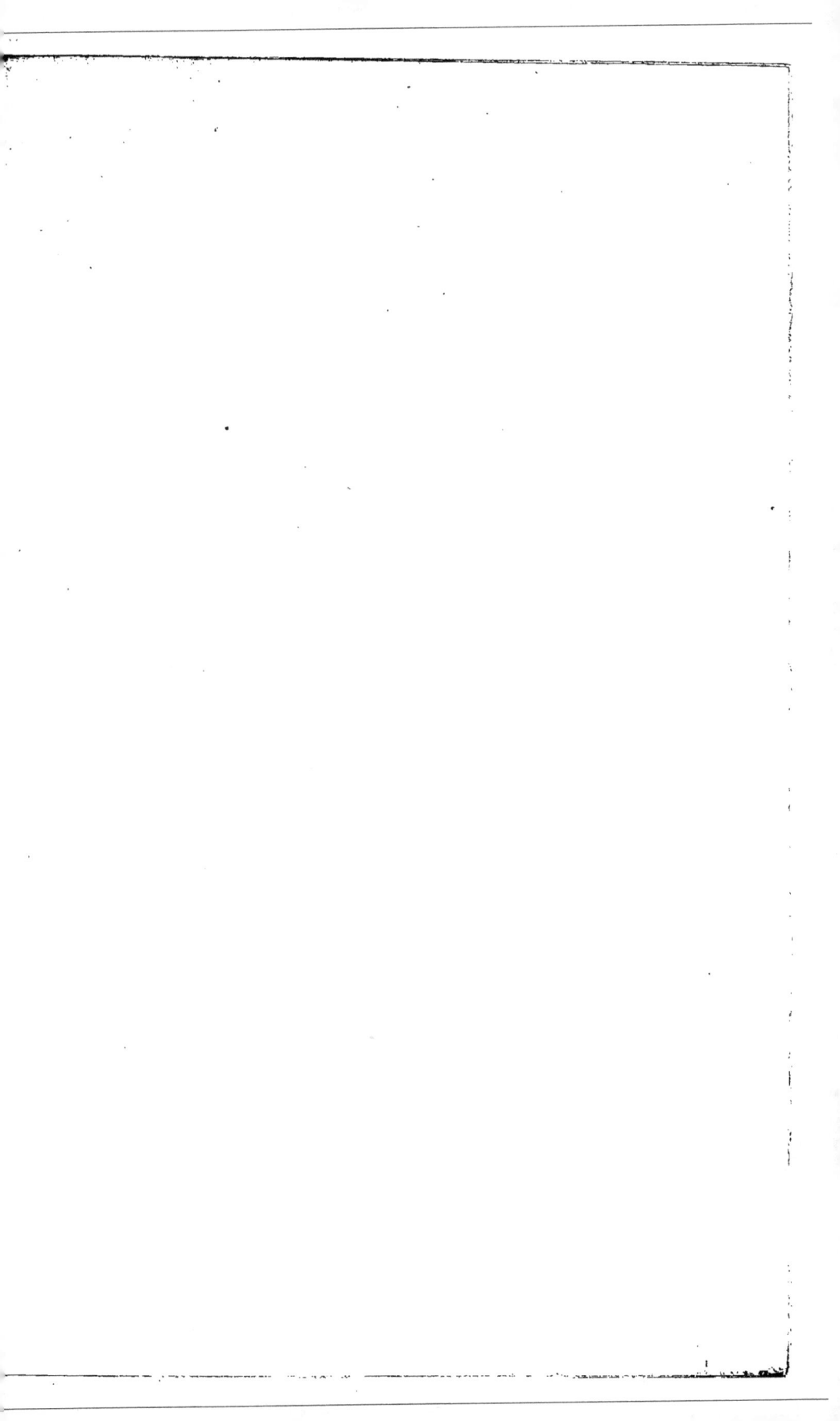

25759

OBSERVATIONS

sur

LE MÉTAMORPHISME

ET

RECHERCHES EXPÉRIMENTALES

SUR QUELQUES-UNS DES AGENTS QUI ONT PU LE PRODUIRE.

—✿—

Paris. — Imprimé par E. THUNOT et C⁰,
Rue Racine, 26.

—✿—

OBSERVATIONS

SUR

LE MÉTAMORPHISME

ET

RECHERCHES EXPÉRIMENTALES

SUR QUELQUES-UNS DES AGENTS QUI ONT PU LE PRODUIRE.

Par M. DAUBRÉE.

Extrait des ANNALES DES MINES

PARIS.

VICTOR DALMONT, ÉDITEUR,

Successeur de Carilian-Œury et Victor Dalmont,

LIBRAIRE DES CORPS IMPÉRIAUX DES PONTS ET CHAUSSÉES ET DES MINES,

Quai des Augustins, n° 49.

—

1858
1857

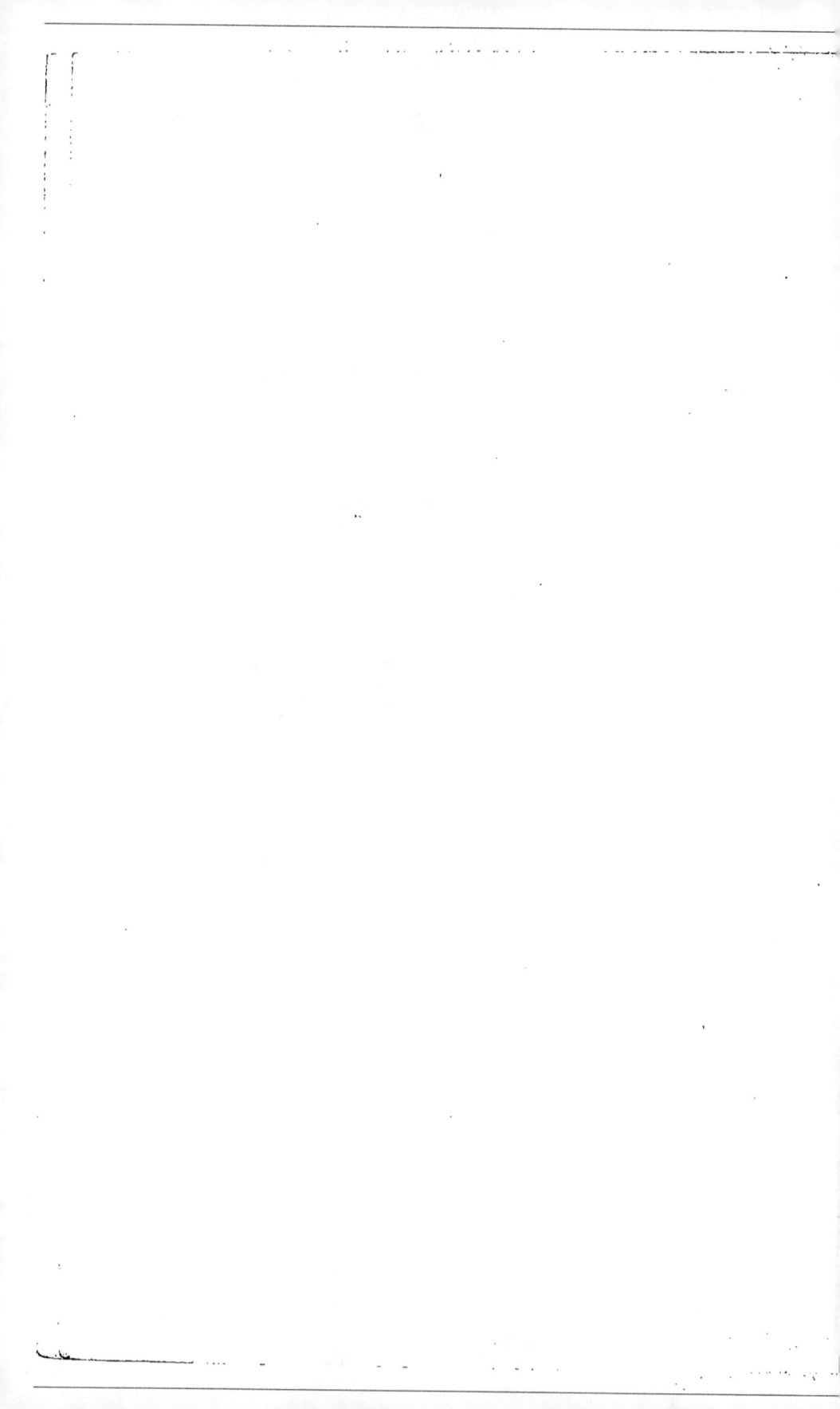

OBSERVATIONS

LE MÉTAMORPHISME

ET

RECHERCHES EXPÉRIMENTALES

SUR QUELQUES - UNS DES AGENTS QUI ONT PU LE PRODUIRE.

L'un des problèmes qui ont le plus préoccupé les géologues est la formation première des roches cristallisées, surtout de celles qui, participant à la fois de la nature des terrains stratifiés et de la nature des roches massives, portent l'empreinte d'une double origine. *Observations préliminaires.*

Ces terrains présentent d'autant plus d'intérêt que dans beaucoup de régions du globe ils recèlent des minéraux extrêmement variés, et que leur formation se lie d'une manière intime à l'origine des dépôts où l'on exploite les métaux et les pierres gemmes.

Les modifications plus ou moins profondes que beaucoup de roches ont subies postérieurement à leur dépôt ont été produites sous l'influence de la chaleur; on les a même quelquefois attribuées exclusivement à cet agent. *La chaleur seule ne peut expliquer certaines transformations.*

Cependant un simple flux de chaleur, quelles qu'aient été son intensité et sa durée, n'a pu produire, sans

1

auxiliaire, la plupart des phénomènes que nous observons dans les terrains métamorphiques.

Irrégularité
de propagation
à partir
des centres
d'éruption.
Ainsi, par l'influence de la chaleur seule, il est impossible d'expliquer l'extrême irrégularité avec laquelle se sont propagées les modifications à partir des centres d'action.

Très-souvent, en effet, les transformations sont restreintes à une zone très-étroite, qui n'atteint pas quelques décimètres. Il serait facile d'en signaler de nombreux exemples au contact des roches éruptives de toute espèce, depuis les laves actuelles, les basaltes et les trachytes jusqu'aux granites. Ce fait résulte de la faible conductibilité calorifique des matériaux pierreux. D'ailleurs la transmission de la chaleur a pu être souvent arrêtée, quand le terrain encaissant était imbibé d'eau, qui l'empêchait de s'échauffer au contact de la masse fondue.

Mais les roches éruptives ne se présentent pas toujours avec ce caractère inoffensif à l'égard des terrains où elles ont été intercalées. Les actions métamorphiques se sont parfois développées avec intensité suivant certaines zones, tandis que près de la même roche, dans la même contrée, des terrains en apparence dans des conditions identiques aux premiers sont restés inaltérés.

Épaisseurs
considérables
sur lesquelles
se sont souvent
étendues
ces actions.
Dans certaines circonstances ces actions ont même pu s'étendre sur des distances considérables, à travers des épaisseurs de plusieurs milliers de mètres, sans qu'on puisse toujours pénétrer jusqu'aux roches qui ont causé des changements si considérables.

Quand tant d'exemples nous montrent la faible influence de l'action calorifique proprement dite des roches éruptives, comment comprendrait-on que cette même action eût agi ailleurs avec autant d'énergie que d'uniformité sur des massifs énormes ?

Si, laissant de côté les relations d'ensemble, nous passons aux faits de détail, nous trouvons encore, dans le mode d'agencement des minéraux des roches métamorphiques, une foule d'associations ou de gisements qui empêchent d'admettre pour ces minéraux une origine par voie sèche. Résultats dont la chaleur ne peut rendre compte.

Pour en citer un exemple, je rappellerai le fait si fréquent de la cristallisation de silicates alumineux comme la chiastolite et la staurotide, au milieu des phyllades fossilifères, et celle du grenat ou du pyroxène dans les calcaires également d'origine sédimentaire.

La chaleur, puis la cristallisation qui est la conséquence du refroidissement, peuvent opérer des départs ou liquations entre des substances qui étaient primitivement dissoutes l'une dans l'autre; c'est ainsi que le carbone se sépare de la fonte, en cristaux, à l'état de graphite. Mais l'expérience directe ne nous montre rien d'analogue au développement de cristaux isolés de grenat, de pyroxène, de feldspath, de disthène, dans une gangue calcaire, qui n'a pas même été ramollie, et qui, selon toutes les apparences, n'a été que très-faiblement chauffée. Des actions lentes et continuées pendant très-longtemps, comme la nature en emploie si souvent pour élaborer les produits minéraux, sont capables de bien des résultats que l'homme est impuissant à imiter; mais on n'est nullement en droit de chercher exclusivement dans la durée du temps, ainsi qu'on l'a fait, une explication que rien ne justifierait d'ailleurs.

Ainsi, lors même que les roches métamorphisées ne renfermeraient pas de corps simples étrangers à leur composition normale primitive, on ne peut comprendre la formation des minéraux qui y ont pris naissance, sans l'intervention d'un véhicule autre que la chaleur. A plus forte raison cette conclusion est-elle nécessaire quand, Nécessité d'un véhicule autre que la chaleur.

comme au Brésil, le changement d'état des roches a visiblement coïncidé avec l'introduction de corps particuliers qui se sont en partie fixés dans les roches transformées.

Théorie de l'intervention des vapeurs.

L'étude de beaucoup de gîtes métallifères et de diverses contrées où les roches sédimentaires se montrent évidemment transformées, m'a conduit à attribuer plusieurs de ces phénomènes à des réactions de certaines vapeurs entre elles ou sur des roches préexistantes, et à reproduire ainsi plusieurs espèces minérales caractéristiques de ces dépôts (1).

Action de l'eau dans divers phénomènes.

Mais dans bien des cas, il est évident que cette explication n'est pas applicable. Si les vapeurs et les gaz ont pu introduire, déplacer ou précipiter divers composés dans les roches, l'eau liquide, non moins mobile, peut être soupçonnée d'avoir provoqué des changements dans les masses où elle a eu accès.

Dans son travail classique sur les *émanations métalliques et métallifères*, M. Élie de Beaumont a signalé depuis longtemps l'analogie des filons métallifères avec les produits d'incrustations de sources thermales. On sait comment les expériences de M. de Sénarmont sur la pro-

(1) Mémoire sur le gisement, la constitution et l'origine des amas de minerai d'étain (*Annales des mines*, 3ᵉ série, t. XX, p. 65, 1841).

Recherches sur la production artificielle de quelques espèces minérales cristallines, particulièrement de l'oxyde d'étain, de l'oxyde de titane et du quartz (*Annales des mines*, 4ᵉ série, t. XVI, p. 129).

Expériences sur la production artificielle de l'apatite, de la topaze et de quelques autres minéraux fluorifères (*Annales des mines*, 4ᵉ série, t. XIX, p. 669).

Recherches sur la production artificielle des minéraux de la famille des aluminates et des silicates par la réaction des vapeurs sur les roches (*Comptes rendus de l'Académie des sciences*, t. XXXIX, p. 135).

— 5 —

duction artificielle des minéraux des filons ont confirmé
la justesse de ces considérations théoriques.

Diverses observations géologiques conduisent à faire Objection
croire que l'eau a agi aussi dans le métamorphisme, et l'action aqueuse.
récemment M. le professeur Bischof a présenté dans son
important ouvrage de géologie chimique, des arguments
nombreux et fondés en faveur de cette conclusion.

Cependant une grave objection restait en présence de
tous les raisonnements. Les silicates anhydres dont la
présence dans les roches transformées auxquelles je fais
allusion, constitue un caractère essentiel, semblaient
nécessiter l'intervention de la voie sèche. Ces silicates,
en effet, forment la base des roches éruptives : certains
d'entre eux sont accidentellement imités dans les scories et les autres produits fondus ou sublimés des ateliers métallurgiques. Enfin personne n'ignore les résultats obtenus depuis longtemps par MM. Berthier et
Mitscherlich, et plus tard par M. Ebelmen, sur la formation des silicates, à de hautes températures, par voie
de fusion. Ainsi, tandis que la voie sèche formait par
des procédés variés des silicates anhydres cristallisés,
dont quelques-uns sont identiques avec ceux des roches métamorphiques, la voie humide était jusqu'à présent restée impuissante dans la production de semblables imitations.

Des expériences synthétiques dirigées d'après l'induc-
tion géologique pouvaient seules trancher la question. Tel
est le but des expériences où j'ai tenté de mettre en jeu
les affinités capables de produire pareilles combinaisons.

RECHERCHES EXPÉRIMENTALES ET SYNTHÉTIQUES.

Avant d'exposer les résultats de mes expériences, je Observations
faites
crois devoir faire connaître des observations qui leur dans les travaux
servent en quelque sorte d'introduction : ce sont des de captage
de Plombières.

imitations de minéraux que j'ai reconnues lors de l'exécution des travaux de recherche et de captage des sources thermales de Plombières.

Les sources de Plombières renferment, entre autres sels, de petites quantités de silicates de potasse et de soude et de sulfates des mêmes bases; elles jaillissent du granite à une température d'environ 70 degrés centigrades.

Cuivre sulfuré cristallisé. Un robinet en bronze, d'origine romaine, découvert par M. l'ingénieur Jutier, sous des maçonneries où il était enfoncé depuis bien des siècles, était encroûté de nombreux cristaux *de cuivre sulfuré* cristallisé, absolument identique par son aspect, par ses formes, par toutes ses propriétés avec le cuivre sulfuré de Cornouailles. Ces cristaux, vraisemblablement dus à la réduction des sulfates de l'eau minérale par des matières organiques en présence du cuivre, sont par conséquent dimorphes avec le sulfure de même composition que l'on obtient par voie de fusion dans nos laboratoires ou dans les scories du traitement du cuivre.

Hyalite dans les maçonneries romaines. Nous avons dû entailler de puissants massifs de maçonnerie romaine, construits avec un soin admirable, qui enveloppent les canaux par lesquels l'eau thermale était conduite du point d'émergence à la piscine dite du Bain-Romain. Dans certaines cavités du béton qui avait été imbibé, j'ai rencontré de l'*hyalite* mamelonnée, d'une transparence parfaite et impossible à distinguer de l'hyalite des basaltes.

Apophyllite cristallisée dans les mêmes constructions. Les cavités où se trouvent l'hyalite contiennent souvent en outre des mamelons et des stalactites, dont la surface est hérissée de cristaux d'un blanc parfait: quelques-uns de ces enduits cristallins s'étendent jusque sur les briques voisines.

Ces cristaux sont terminés par des pointements en

forme de pyramide aiguë à base quarrée; ils rayent le spath fluor. Dans un tube fermé ils dégagent de l'eau; ils sont facilement fusibles. L'acide chorhydrique les attaque avec formation de gelée. L'analyse démontre qu'ils sont formés d'un silicate hydraté de potasse et de chaux dans les proportions qui constituent l'*apophyllite*, dont ils en ont outre la forme cristalline.

Les sources de Plombières sortent d'un granite porphyroïde où l'on n'a jamais trouvé aucune zéolithe; mais elles contiennent de la potasse et de la chaux, bases des silicates qu'elle paraissent enlever au granite décomposé en le lessivant. La chaux du béton a pu aussi favoriser la formation de l'apophyllite.

Déjà M. Woehler (1) était parvenu à dissoudre ce minéral dans l'eau, et il l'avait fait cristalliser par refroidissement, mais il opérait à la température de 180 à 190 degrés, et sous une pression de 10 à 12 atmosphères. On pouvait donc croire ces conditions nécessaires à la production de cette espèce minérale.

En résumé, des minéraux que la nature nous présente dans les filons et au milieu des roches éruptives peuvent prendre naissance à une température qui ne dépasse pas 70 degrés. *Conséquences de ces observations.*

Si donc des silicates hydratés se produisent dans l'eau à des températures très-inférieures à leur degré de dissolution, je devais espérer obtenir des silicates anhydres, en élevant convenablement la température.

La difficulté principale contre laquelle, je dois l'avouer, j'ai lutté pendant bien longtemps, consistait à trouver des fermetures qui résistassent assez longtemps à l'énorme tension qu'acquiert la vapeur d'eau, quand *Procédé d'expérimentation.*

(1) *Jahresbericht*, 1847 et 1848, p. 1262.

la température s'élève jusqu'au point où je voulais arriver, c'est-à-dire vers le rouge sombre. Il serait hors de propos d'expliquer ici quels procédés j'ai tentés pour répartir la pression sur plusieurs tubes intérieurs les uns aux autres ou pour employer des fermetures autoclaves. Je me borne à indiquer succinctement le procédé qui m'a enfin réussi.

L'eau, avec les substances qui doivent réagir, est placée dans un tube en verre de bonne qualité, que l'on scelle ensuite après en avoir raréfié l'air autant que possible. On introduit ce tube en verre dans un tube en fer à parois très-épaisses (1), qui est clos à la forge à l'une de ses extrémités. L'autre extrémité est fermée au moyen d'un long bouchon à vis, muni d'une tête quarrée qu'on peut serrer fortement ou tourner avec une clef (2). Il importe que la vis soit exécutée avec beaucoup de précision. Entre la tête de la vis et le rebord du tube est placée une rondelle en cuivre bien pur; elle doit être assez étroite pour pouvoir être écrasée, lors de la fermeture, par la pression du rebord.

Pour contre-balancer la tension que la vapeur développe dans l'intérieur du tube de verre et qui le ferait éclater, je verse de l'eau extérieurement à ce tube, entre ses parois et celles du tube de fer qui lui sert d'enveloppe. De cette manière, l'effort principal est reporté sur ce dernier tube qui présente beaucoup plus de résistance.

Ces appareils, comme ceux dont M. de Sénarmont a fait usage, étaient couchés sur le dôme d'un four

---

(1) Pour un diamètre intérieur de 20 millimètres, on a adopté une épaisseur de parois de 8 millimètres.

(2) La fermeture en tuyau de baïonnette employée par M. de Sénarmont est sans doute préférable; mais je n'ai eu connaissance de cette disposition qu'après avoir fait exécuter tous mes tubes à la manufacture d'armes de Mutzig.

à cornues d'usine à gaz, en contact avec une maçonnerie qui est au rouge sombre, et enfouis sous une couche
épaisse de poussière de charbon. Un thermomètre à
mercure y atteint rapidement sa limite; des fragments
anguleux de zinc s'y ramollissent; la température à laquelle les tubes restent exposés, pendant plusieurs se-
maines au moins, est donc d'environ 400 degrés. On
les retire graduellement afin de les refroidir avec beaucoup de lenteur.

Quelque précaution que l'on prenne, toutes les fermetures ne résistent pas à la tension de la vapeur d'eau
qui est énorme à ces températures élevées. C'est à peine
si un appareil sur trois conserve son liquide pendant
tout le temps de l'expérience. Aussi, en comptant
même pour rien les dangers d'explosion, les difficultés
matérielles dont je parle et le temps nécessaire à chaque
expérience sont des obstacles qui m'ont empêché de
multiplier les résultats comme je l'aurais désiré. Cependant, les faits que j'ai reconnus suffisent déjà
pour montrer la fécondité de cette voie d'expérimentation.

Pour procéder du simple au composé, j'ai d'abord
voulu reconnaître comment l'eau, dont l'action incontestable sur le verre a été étudiée par M. Pelouze, entre 0
et 100 degrés (1), se comporte à l'égard de ses enve-
loppes lorsqu'elle est suréchauffée.

Transformation complète du verre par l'eau suréchauffée.

Après une attaque d'une semaine seulement, rien
dans l'aspect du résidu ne rappelle plus le verre. Il est
entièrement transformé en une masse blanche, tout à
fait opaque, poreuse et happant à la langue, qui a absolument l'aspect du kaolin. Tantôt le tube a conservé sa

_____

(1) *Comptes rendus de l'Académie des sciences*, 1856,
t. XLIII, p. 117.

forme générale, tout en se modifiant; tantôt il s'est désagrégé et s'est réduit en une poussière blanche.

Dans l'un et l'autre cas, la modification est toute autre que la dévitrification étudiée par Réaumur, et, plus tard, par M. Dumas et par M. Pelouze (1). Des combinaisons nouvelles se sont formées : d'une part, l'eau s'est fortement chargée de silicate alcalin; de l'autre, la substance opaque, et au premier aspect d'apparence amorphe, est presque entièrement composée d'éléments cristallins.

Formation abondante de quartz cristallisé. Ce que l'on distingue facilement, même sans le secours de la loupe, c'est une multitude de cristaux incolores, d'une limpidité parfaite, qui offrent la forme ordinaire bipyramidée du quartz, avec sa physionomie habituelle, et qui, en effet, ne sont autres que de la silice cristallisée. Certains cristaux ainsi formés atteignent deux millimètres au bout d'un mois. Ils sont souvent isolés dans la pâte opaque; quelquefois aussi ils se sont implantés sur les parois du tube primitif, ou bien encore ils forment à l'intérieur de véritables géodes qu'il serait de toute impossibilité de distinguer, à la dimension près, de celles que les roches schisteuses cristallines présentent si fréquemment.

Wollastonite en cristaux aciculaires. La substance blanche et opaque qui forme la plus grande partie du résidu de la transformation du verre n'est pas amorphe. Elle forme des prismes très-déliés ou aciculaires, que l'on ne peut mieux comparer qu'à la poussière de l'amphibole fibreuse passant à l'asbeste. Un lavage par décantation peut séparer assez nettement cette seconde substance des cristaux de quartz et de menus fragments incomplétement désagrégés.

---

(1) *Comptes rendus de l'Académie des sciences,* 1855, t. LX, p. 1321 et 1327.

Soumise au chalumeau la substance fond assez facilement en une perle incolore. Elle est complétement attaquable par l'acide chlorhydrique bouillant, et m'a fourni à l'analyse la composition suivante :

$$
\begin{array}{ll}
\text{Silice.} \dots \dots \dots & 54 \\
\text{Chaux.} \dots \dots \dots & 46 \\
\text{Magnésie.} \dots \dots \dots & \text{traces.} \\
\hline
& 100
\end{array}
$$

ce qui représente, sauf un très-faible excès de silice dû sans doute à un mélange de quartz, la composition de la *wollastonite*.

Enfin les grains incomplétement désagrégés et peu abondants, séparés par le lavage, sont un silicate double de chaux et de soude hydraté, qui est attaquable aussi par l'acide chlorhydrique. *Autre silicate formé en petite quantité.*

Quant au silicate alcalin qui reste en dissolution, dans l'expérience dont nous exposons les résultats, il renferme : *Composition du silicate alcalin en dissolution.*

$$
\begin{array}{ll}
\text{Silice.} \dots \dots \dots & 37 \\
\text{Soude.} \dots \dots \dots & 63 \\
\text{Potasse et chaux.} \dots & \text{traces.} \\
\hline
& 100
\end{array}
$$

L'égalité entre les quantités d'oxygène de la silice et de l'alcali conduit à la formule $SiO^3 . 3NaO$. On voit que ce composé est beaucoup plus basique que le silicate $(SiO^3)^3 . NaO$, qui, d'après les recherches de M. Pelouze, se dissout à froid. La différence résulte peut-être de ce que le silicate alcalin d'abord, enlevé au verre, se décompose par une action de la chaleur comparable à celle que M. Frémy a constatée (1) ; le quartz cristallisé paraît, en effet, résulter d'une décomposition de ce

(1) *Comptes rendus de l'Académie*, 1856, t. XLIII, p. 1146.

genre, qui se fait peut-être à une température assez voisine de celle de la dissolution.

Faible quantité d'eau nécessaire pour produire ce métamorphisme

On ne peut voir sans étonnement qu'un changement aussi complet dans l'état physique et chimique du verre soit obtenu par une très-faible quantité d'eau, par un poids qui est, au plus, égal à la moitié de celui du verre transformé.

A la température d'environ 400 degrés, l'action de l'eau sur le verre devient donc des plus énergiques. Elle dissout les éléments qui avaient été combinés dans le verre à une température beaucoup plus élevée, il est vrai, mais en dehors de son intervention. L'eau jouit, en outre, si l'on peut s'exprimer ainsi, d'une influence de cristallisation des plus remarquables sur le quartz et sur les silicates.

Action de la vapeur d'eau très-dense.

Les deux tubes n'étant pas complétement remplis d'eau, le tube en verre ne peut plonger dans le liquide que par sa partie inférieure, aussi bien à l'intérieur qu'à l'extérieur. Cependant, il est toujours attaqué avec uniformité dans toute son étendue. Ce résultat prouve que dans les conditions où nous avons opéré, la vapeur d'eau, par suite de la température et de la densité qu'elle acquiert, agit chimiquement comme l'eau liquide. On entre alors dans une période où la voie humide vient presque se confondre avec la voie sèche.

Ces cristaux ne préexistaient pas dans le verre.

Peut-être pourrait-on objecter, d'après une assertion récente, que certains cristaux pouvaient préexister dans le verre où ils resteraient latents, comme les cristaux d'étain que le moiré métallique met en évidence après le traitement par un acide. C'est aussi en se servant de l'action d'un acide que M. Leydolt (1) a voulu prouver

---

(1) *Comptes rendus de l'Académie*, t. XXXIV, p. 565.

que le verre possède, en général, une structure cristalline, et, en quelque sorte, porphyroïde : après avoir attaqué le verre par l'acide fluorhydrique, on observe sur la surface corrodée des formes cristallines.

Je crois pouvoir conclure de mes observations que, dans la plupart des cas au moins, les aiguilles cristallines qui apparaissent après le traitement de l'acide fluorhydrique n'appartiennent pas à la substance vitreuse elle-même, mais au fluosilicate de potasse qui, si l'action est lente, se dépose à la surface du verre. Les cristaux ainsi formés protégent le verre contre une érosion ultérieure ; aussi quand on lave la surface corrodée, elle paraît couverte de cristallisations ; mais ces cristallisations y ont été décalquées comme les dessins que l'on réserve par des enduits de cire, dans la gravure sur verre.

Cause de l'illusion sur l'état cristallin des verres.

Quand le verre au lieu d'être traité par l'acide fluorhydrique, est attaqué par un séjour prolongé de plusieurs mois dans l'eau bouillante, comme j'ai eu occasion de le constater sur des tubes indicateurs de chaudières à vapeur, il se produit des érosions très-variées, mais sans indice de cristallisation. Cependant dans ce dernier mode d'opérer, l'action étant très-lente, les cristaux devraient apparaître bien plus nettement encore que dans le premier cas, si l'opinion dont je parle était fondée

Un autre fait, prouve clairement la validité de mon observation : Sur un verre incolore qui était doublé d'une feuille mince de verre rouge de cuivre, et dans lequel on avait corrodé les verres des deux couleurs, on pouvait reconnaître sur le bord des entailles, que les mêmes aiguilles passaient sans aucune altération du verre rouge sur le verre blanc. Elles résultaient donc simplement d'une empreinte extérieure, comme nous l'avons annoncé.

Il n'était pas sans intérêt de reconnaître si les verres volcaniques, connus sous le nom d'*obsidiennes*, se comportent d'une manière comparable aux verres artificiels.

Or, des morceaux d'obsidiennes, chauffés dans l'eau comme nous l'avons dit, perdent aussi tout à fait leur aspect vitreux. La substance se change en une matière grisâtre, ayant encore les mêmes caractères chimiques, mais qu'à l'œil nu on reconnaît être cristalline comme un trachyte à grains fins. Sa poussière, examinée au microscope, montre absolument les caractères du feldspath cristallisé, et ressemble surtout au rhyacolite ou feldspath vitreux.

On sait que l'obsidienne ne paraît différer chimiquement du feldspath que par un léger excès dans la proportion du silice. L'excès de silice qui peut s'y trouver est enlevé par le silicate alcalin auquel la décomposition du verre donne naissance, et, à la suite de ce départ, le feldspath se sépare en petits cristaux.

La tendance que le feldspath manifeste ainsi à se produire par la voie humide est à prendre en considération dans diverses circonstances géologiques.

Stabilité
des feldspaths
et
d'autres silicates
cristalisés
dans les mêmes
conditions.

Avec les fragments d'obsidienne sur lesquels j'ai opéré, se trouvaient des morceaux de feldspath vitreux détachés du trachyte du Drachenfels, et de l'oligoclase de Suède. Ces deux derniers minéraux n'ont subi aucune altération appréciable. On ne peut toutefois affirmer que si l'eau n'avait pas immédiatement trouvé d'alcali à enlever à l'enveloppe vitreuse, elle n'en aurait pas pris au feldspath.

Nous voyons ici, une sorte de confirmation de l'expérience précédente, sur la stabilité des silicates, qui ont originairement cristallisé dans des conditions peut-être assez voisines de celles où ils se trouvaient de nouveau placés.

Il en est à peu près de même des feuilles très-minces de mica potassique de Sibérie ; elles ont à peine perdu de leur transparence.

Des cristaux de pyroxène n'ont pas non plus changé d'aspect, si ce n'est que comme les morceaux de feldspath et d'obsidienne, ils ont été si complétement enveloppés de cristaux de quartz, qu'il faut les briser pour en examiner la nature.

Pour examiner comment se comportent, à l'état suréchauffé, les dissolutions naturelles de silicate alcalin, que l'on trouve dans presque toutes les eaux, autant du moins que la présence du verre le permettait, je me suis servi de l'eau provenant des sources thermales de Plombières, qui est comparativement riche en silicate de potasse. Cependant ne pouvant opérer que sur 20 à 30 centimètres cubes d'eau, je l'ai préalablement concentrée par une évaporation assez rapide pour ne pas décomposer son silicate, de manière à la réduire au vingtième de son volume primitif.

L'eau de Plombières suréchauffée fournit du quartz.

Après une expérience qui avait été arrêtée au bout de deux jours seulement, les parois du tube étaient déjà recouvertes d'enduits de silice sous la forme de quartz cristallin et aussi de calcédoine. Comme le verre n'était encore altéré qu'à sa surface, ce dépôt devait provenir, au moins presque en totalité, de la décomposition du silicate alcalin contenu dans l'eau de Plombières.

Ainsi, sans l'application d'aucun réactif chimique, sous la seule influence de la chaleur, l'eau tenant en dissolution des silicates alcalins, telle que les sources de Plombières, dépose du quartz cristallisé ou cristallin.

Une nouvelle preuve de la facilité avec laquelle les minéraux du groupe des feldspath peuvent se produire en présence de l'eau est fournie dans l'expérience suivante, que j'ai faite dans le but d'expliquer des feld-

Feldspathisation des argiles dans les mêmes conditions.

spathisations assez fréquentes, même dans les roches fossilifères.

Du kaolin parfaitement purifié par le lavage de tout débris feldspathique ayant été traité dans un tube par l'eau de Plombières, cette masse terreuse s'est transformée en une substance solide, confusément cristallisée en petits prismes, et qui raye le verre. Après avoir purifié cette substance par un lavage à l'eau bouillante, on voit qu'elle est devenue fusible en émail blanc; l'acide chlorhydrique ne l'attaque plus. C'est un silicate double d'alumine et d'alcali qui a tous les caractères du feldspath; il est mélangé de quartz cristallisé.

La facilité avec laquelle le silicate d'alumine absorbe la chaux à froid dans un mortier hydraulique est comparable à la réaction dont nous venons de rendre compte.

Formation du pyroxène diopside.

Au milieu de la substance blanchâtre provenant de la transformation d'un tube de verre qui avait reçu de l'eau de Plombières concentrée, j'ai obtenu d'innombrables cristaux très-petits, mais de forme parfaitement nette, doués de beaucoup d'éclat, bien transparents et de diverses nuances de vert; beaucoup d'entre eux ont la teinte vert olive, qui est habituelle au péridot. Leur forme est celle d'un prisme oblique symétrique, dont les bases sont remplacées par deux biseaux; deux des arêtes latérales opposées sont ordinairement tronquées, comme dans le pyroxène que Haüy a nommé *homonome;* ce sont d'ailleurs les mêmes angles. Ces cristaux rayent sensiblement le verre.

Traités par l'acide chlorhydrique concentré et bouillant, ils restent inaltérables, à part la perte d'une trace de fer. Ils fondent au chalumeau en un émail noir.

Leur composition a été trouvée :

Silice.	52
Chaux.	26
Protoxyde de fer. . . .	22
Magnésie. . . . . traces.	
	100

C'est donc un *pyroxène* de chaux et de fer qui, par sa transparence, appartient à la variété *diopside*.

Ces cristaux sont, les uns isolés, les autres groupés de manière à former de petits globules hérissés de pointements, et plus rarement des incrustations minces. Les uns et les autres rappellent immédiatement par l'ensemble de leur aspect les cristaux de diopside des gisements les plus connus. *Hémitropie de quelques-uns.*

Comme complément de ces traits de ressemblance, quelques-uns sont groupés suivant l'hémitropie bien connue, parallèlement à la face h_1.

Les végétaux fossiles ayant subi des modifications sous l'influence des mêmes agents que les matières pierreuses, il convenait de voir ce que devient du bois dans l'eau suréchauffée. *Réduction de bois en anthracite.*

Des fragments de bois de sapin se sont transformés en une masse noire, douée d'un vif éclat, d'une compacité parfaite, qui, en un mot, a l'aspect d'une anthracite pure ; elle est assez dure pour qu'une pointe d'acier la raye difficilement. Cette sorte d'anthracite, bien qu'infusible, est entièrement granulée sous forme de globules réguliers de diverses dimensions, d'où il résulte clairement que la substance a été *fondue* en se transformant ; cette anthracite ne donne que des traces de matières volatiles ; la matière ligneuse est donc arrivée à son dernier degré de décomposition. Elle ne se consume qu'avec une excessive lenteur, même sous le dard du chalumeau.

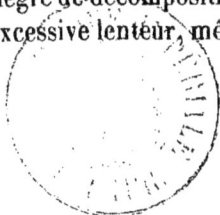

2

Elle diffère des charbons formés à haute température, en ce qu'elle ne conduit pas l'électricité, non plus que le diamant.

Gonflement du verre métamorphique. Je terminerai en signalant deux particularités du verre modifié, que je ne saurais désigner autrement que par l'épithète de métamorphique.

Sans que le tube se soit déformé, son épaisseur a, en général, augmenté très-notablement, au moins du sixième environ de l'épaisseur primitive. Ce gonflement, conséquence de la cristallisation qui s'est opérée, se fait surtout sentir dans l'accroissement du diamètre extérieur du tube.

Sa schistosité. En même temps, ce verre a pris une structure éminemment schisteuse. Les feuillets, dans lesquels il se clive facilement, sont si minces qu'on peut quelquefois en distinguer plus de dix dans un millimètre d'épaisseur. Quand le verre est incomplétement attaqué, le centre, quoique vitreux encore, montre aussi des zones très-fines, comme les agates onyx. Le tout rappelle la structure de certaines roches schisteuses et cristallines.

Observations générales. D'après les résultats que nous venons d'exposer, l'eau suréchauffée vers 400 degrés devient capable de former et de faire cristalliser non-seulement le quartz, mais encore des silicates anhydres, tels que le feldspath, le pyroxène diopside, la wollastonite. Des combinaisons semblables avaient déjà été produites, il est vrai, par la voie sèche, mais à des températures incomparablement plus élevées que celle où la présence de l'eau permet de les obtenir. Dans ce dernier cas, le point de cristallisation est de beaucoup au-dessous du point de fusion. En résumé, vers le rouge naissant les affinités de la voie humide prennent, en ce qui concerne la production des silicates, le même caractère que celles de la voie sèche.

DÉDUCTIONS GÉOLOGIQUES.

La température croît si rapidement à mesure que l'on descend vers l'intérieur du globe, que l'eau qui s'infiltre dans certaines fissures de l'écorce terrestre, atteint nécessairement des régions où, sous la pression qu'elle supporte, elle doit s'échauffer beaucoup au delà de la température à laquelle elle entre en ébullition sous la simple pression atmosphérique. Les volcans nous le démontrent d'ailleurs par leurs énormes exhalaisons aqueuses. On ne peut donc douter que la chaleur et la pression n'agissent *simultanément*, et que, suivant une expression de M. Élie de Beaumont, elles ne soient les deux *coordonnées* de la condition de ces sortes d'*étuves* naturelles (1) qu'il est très-important d'étudier pour la géologie. C'est ce qui a été réalisé dans les expériences dont je viens de rendre compte ; aussi quand les produits obtenus sont identiques avec ceux de la nature, ils amènent à certaines inductions très-probables sur l'origine des minéraux et des roches qui ont été ainsi imités, comme je vais chercher à le faire voir par quelques observations.

Comme conséquence de la formation des combinaisons rencontrées dans les sources thermales de Plombières, je remarquerai d'abord combien on a souvent exagéré la température nécessaire pour produire certains minéraux, surtout depuis qu'il est démontré que la chaleur interne a une part capitale dans les principaux phénomènes mécaniques et chimiques qui ont accidenté l'écorce terrestre. Des produits caractéristiques

Zéolithes dans leurs gisements.

---

(1) Note sur les émanations volcaniques et métallifères (*Bulletin de la Société géologique de France*, 2ᵉ série, tome IV, page 1276).

des filons métallifères et des roches volcaniques peuvent, en effet, se former à une température qui n'excède pas 70 degrés.

Cette dernière conclusion à l'égard de l'apophyllite peut être étendue aux autres zéolithes avec lesquelles elle présente de si grandes analogies de composition et de gisement. Or, on sait que les minéraux de cette famille font partie constituante de certaines roches, notamment des basaltes et des phonolithes. Tantôt les zéolithes sont disséminées dans tout le tissu de la roche ; tantôt elles se sont concentrées dans les boursouflures, avec d'autres résidus de la décomposition des silicates primitifs, tels que le quartz, la chaux carbonatée ou l'aragonite, le fer carbonaté, la dolomie et la terre verte. Dans l'un et l'autre cas, ces silicates hydratés peuvent avoir pris naissance par une sorte de réaction sur une pâte préexistante, de nature doléritique ou trachytique, comme il arrive dans l'intérieur des maçonneries de Plombières, sous l'influence des silicates solubles qui y pénètrent graduellement. Il est, en tout cas, très-possible que les zéolithes qui font partie essentielle des roches éruptives et qui se trouvent aussi dans les dépôts métallifères, se soient formés quand le refroidissement était déjà très-avancé.

Des faits géologiques peuvent confirmer cette idée. Ainsi, de nombreux fragments de calcaire tertiaire d'eau douce qui sont empâtés dans le tuf basaltique du Puy de la Piquette en Auvergne, se sont aussi imprégnés de zéolithes (1). La mésotype et la stilbite sont

---

(1) Dufrénoy. Sur la relation des terrains tertiaires et volcaniques de l'Auvergne, *Annales des mines*, 2ᵉ série, tome VII, page 345. — Bouillet et Lecoq. *Vues et coupes du Puy-de-Dôme*, page 23.

venus tapisser les cavités laissées par les larves des
friganes, sans que la roche calcaire ait subi d'altération
sensible. Si le cuivre et l'argent natif renfermés abondamment dans les roches amygdaloïdes du lac Supé-
rieur sont déposés dans ces roches, en contact l'un avec
l'autre, sans former d'alliage, c'est que ces deux métaux
se précipitaient à une température inférieure, et peut-
être de beaucoup, à celle à laquelle ils sont susceptibles
de fondre ou de s'allier.

L'eau n'intervient pas seulement dans la formation
des silicates où elle reste en partie combinée, et où elle
laisse ainsi une preuve manifeste de sa coopération. La
série d'expériences dont nous venons de signaler les
résultats apprend qu'à des températures plus élevées,
loin d'être inactive, elle se comporte dans la cristallisation du quartz et des silicates anhydres, comme si les
matières y étaient facilement solubles.

Action de l'eau suréchauffée dans la cristallisation des roches éruptives.

Le feldspath, le principal élément des laves des volcans, a été déjà rencontré cristallisé dans des fourneaux
à cuivre du Mansfeld, où M. Haussmann l'a découvert
dès 1810, ainsi que dans quelques autres ateliers métallurgiques. Ce fait a eu pour les considérations géologiques une portée incontestable; mais il est très-
probable d'après la position des cristaux vers la partie
supérieure des fourneaux, qu'ils sont un produit de
réaction de vapeurs entre elles et sur les parois, en tout
comparables à celles qui m'ont occupé dans d'autres circonstances. Je rappellerai aussi qu'en faisant réagir le
chlorure de silicium sur une combinaison d'alumine et
d'alcali, j'ai obtenu de petits cristaux ayant les caractères
physiques et chimiques du feldspath (1). Mais les chi-

---

(1) *Comptes rendus de l'Académie des sciences*, t. XXXIX,
p. 155.

mistes les plus habiles ne sont pas encore parvenus à produire directement ce silicate double à l'état cristallin, par une *fusion sèche*, quelles que soient les précautions observées dans le refroidissement (1).

Tandis que le feldspath n'a pu être produit dans des réactions de voie sèche que d'une manière tout accidentelle ou par des artifices particuliers, la même combinaison a une tendance très-marquée à se former dans l'eau suréchauffée à 400 degrés, quand ses éléments se trouvent en présence.

On a depuis longtemps soupçonné que l'eau intervient dans la cristallisation des laves elles-mêmes, où elle est abondamment incorporée, et dont, malgré la très-haute température, elle n'achève de se dégager qu'au moment de la solidification.

Quel que soit l'état moléculaire de l'eau dans les laves, l'influence qu'elle exerce sur la formation des silicates qui s'en séparent n'est plus difficile à comprendre d'après les résultats qui viennent d'être exposés. Elle me paraît y agir comme dans les tubes, où elle est aussi suréchauffée, lorsqu'elle transforme l'obsidienne en feldspath cristallisé ou qu'elle dépose le pyroxène en cristaux parfaits. C'est ainsi que dans les laves, comme dans nos expériences, elle opère le départ et la cristallisation des silicates à une température bien inférieure à leur point de fusion. C'est encore par cette influence aqueuse que ces mêmes silicates peuvent cristalliser dans une succession qui est souvent opposée à leur ordre relatif de fusibilité. On sait, par exemple, que l'amphigène, silicate d'alumine et de potasse qui est infusible, s'est développé dans les laves de l'Italie en cristaux souvent très-volumineux.

---

(1) Mitscherlich. *Poggendorff Annalen*, t. XXXIII, p. 340.

Cette inversion dans l'ordre des fusibilités est surtout remarquable dans le granite qui, par la présence du quartz et du mica, comme par le mode de cristallisation de ces substances, diffère d'ailleurs de tous les produits de la fusion sèche que nous connaissons. Aussi depuis que l'action de la chaleur dans la formation de cette roche a été démontrée, son mode de cristallisation a été l'objet de nombreux systèmes, notamment de la part de Breislack, Fuchs, MM. Schafhaütl, Delafosse, de Boucheporn, Fournet, Durocher. Depuis les observations importantes de M. Scheerer sur ce sujet, M. Élie de Beaumont a montré en outre qu'une quantité d'eau très-minime a pu contribuer, avec les chlorures, à suspendre la cristallisation de ces pâtes jusqu'à un refroidissement très-avancé. Les déductions des expériences qui précèdent sur l'action de l'eau, lors de la cristallisation des silicates, s'appliquent plus directement encore à la cristallisation du granite qu'à celle des laves.

Application à la cristallisation du granite.

Un phénomène des plus fréquents dans les roches métamorphiques est le développement ultérieur du feldspath dans leur masse, sans qu'elles aient été ramollies. Pour faire voir comment ce fait, inexplicable par la voie sèche, se déduit simplement de nos expériences et pour préciser les circonstances où cette transformation a eu lieu, nous prendrons des exemples dans la chaîne des Vosges, qui, pour ce phénomène, représente un type fréquemment reproduit ailleurs.

Développement du feldspath dans les roches métamorphiques.

Dans les régions septentrionale et méridionale de cette chaîne, le granite syénitique forme des proéminences qui coupent les terrains de transition. Les roches de ces derniers terrains ont souvent subi, à proximité du granite, des modifications si variées que leur nomenclature précise devient un sujet d'embarras pour le géologue. Elles consistent généralement en pâtes pétro-

Exemples nombreux de ce phénomène dans les Vosges.

siliceuses, grises, verdâtres ou rosées, facilement fusibles au chalumeau. Des cristaux de feldspath orthose et de feldspath du sixième système y sont fréquemment disséminés ; ils sont parfois accompagnés de quartz, d'amphibole, d'épidote, de pyrite et de quelques autres minéraux. Dans ce dernier cas la roche ressemble, à s'y méprendre, à certains porphyres ou eurites porphyroïdes qui sont d'origine éruptive et qui se trouvent surtout vers la lisière des massifs granitiques. On reconnaît cependant par des passages graduels que, dans le cas dont il s'agit ici, ces eurites et ces roches porphyroïdes ne sont qu'une dégénérescence de roches stratifiées et fossilifères.

On pourrait douter de la certitude de cette dernière conclusion, si la modification dont nous parlons ne se reproduisait dans des localités nombreuses, et avec une identité surprenante dans toute la nombreuse série de variétés de roche qui ont été affectées. Nous citerons comme exemple : autour du massif du Champ-du-Feu, les environs de Schirmeck, Framont, Rothau, Grendelbruch, Saint-Nabor, Barr, Andlau, Senones ; près du massif des Ballons : les vallées de Massevaux, de Saint-Amarin, la naissance de la vallée de la Moselle, la vallée de Giromagny, celles de la Haute-Saône comprises entre Plancher-Haut, Fresse, Ternuay et Champagny. Les roches modifiées de ces diverses localités ont été nommées par les observateurs qui les ont décrites (1) petrosilex, eurites, porphyres verts, porphyres bruns ou

---

(1) Élie de Beaumont. *Explication de la carte géologique de France*, t. I, p. 187.

Thirria. *Statistique minéralogique de la Haute-Saône* (où quelques unes des roches sont qualifiées de porphyres de transition).

amphibolites ; car quelquefois elles se chargent de beaucoup d'amphibole. Enfin, pour compléter l'énuméra-
tion des principales modifications des terrains anciens des
Vosges, nous ajouterons que sur d'autres points les
phyllades deviennent micacées et màclifères.

Aux environs de Thann, les roches feldspathisées
sont très-nettement stratifiées ; elles renferment en
outre de nombreux débris de végétaux qui, parfois
même, forment des lits d'anthracite ; d'après M. Schim-
per, ces végétaux caractériseraient le terrain carbonifère
inférieur plutôt que le terrain devonien. Or, la pâte de
ces mêmes couches est en grande partie parsemée de
cristaux de feldspath qui appartiennent ordinairement
au sixième système. La forme de ces cristaux, leur développement, toutes les particularités de leur manière
d'être démontrent surabondamment que la plupart
d'entre eux ne préexistaient pas parmi les matériaux aré-
nacés qui ont formé ces pâtes, mais qu'ils s'y sont développés plus tard ; de là le nom de *grauwacke métamorphique* qui leur a été donné.

Dans la forêt Noire, on trouve dans plusieurs régions
des faits tout semblables à ceux que nous venons de
mentionner pour les Vosges. Dans la chaine badoise,
les couches du terrain carbonifère inférieur, quelquefois riches en plantes, comme aux environs de Schœ-
nau et Lentzkirch, contiennent aussi des cristaux de
feldspath oligoclase, de même que les couches de
Thann ; on reconnait d'ailleurs aussi que ces cristaux
n'y ont pas été amenés à l'état détritique et qu'ils ré-
sultent d'une épigénie.

Transformations semblables dans la forêt Noire.

Pour rendre compte des transitions insensibles de
certaines roches stratifiées aux roches feldspathiques
éruptives qui les ont traversées, M. Fournet les a ingé-
nieusement comparées à ce qui arrive, lorsque le fon-

Explication théorique proposée.

dant introduit dans un creuset pour la matière duquel ce fondant a de l'affinité, dénature le creuset, tout en se dénaturant lui-même (1). Mais ces considérations d'*endomorphisme*, sans doute admissibles dans quelques cas, ne peuvent s'appliquer partout, notamment aux grauwackes feldspathiques de Thann dans les couches desquelles le phénomène s'étend si uniformément.

Manière dont ces transformations s'expliquent par l'expérience. Tous ces cas de feldspathisation s'expliquent d'une manière très-simple d'après les expériences où le feldspath est produit par voie humide, et particulièrement celle où nous reproduisons le phénomène sur l'argile, en présence d'une dissolution de silicate alcalin, comme il en existe dans la plupart des sources thermales. De telles eaux pénétrant dans des couches argileuses, à l'état suréchauffé, comme la pression le permettait avant qu'elles fussent disloquées, ont pu faire naître des cristaux de feldspath, de quartz et d'autres silicates. Selon leur nature première, selon la température de l'eau dont elles s'imbibaient, les roches ont subi des transformations différentes.

Observons d'ailleurs que les argiles renferment souvent des quantités assez notables de potasse, de chaux, de magnésie et d'autres bases, pour que le feldspath et d'autres minéraux, aussi bien que les mâcles et la chiastolithe aient pu s'y développer, sous la réaction de l'eau, sans introduction d'éléments étrangers. A de hautes températures, il suffit même de si peu d'eau pour produire la cristallisation de ces silicates, ainsi que nous l'avons vu, que l'eau des argiles ou même celle qui est mécaniquement mélangée aux roches, et que l'on qualifie vulgairement d'*eau de carrière*, paraît déjà être en quan-

---

(1) *Bulletin de la Société géologique de France*, tome IV, p. 242.

lité suffisante pour pouvoir déterminer, à l'aide de la chaleur, des réactions assez énergiques.

Il est une circonstance qui vient à l'appui de la supposition que des eaux renfermant des silicates de potasse ont souvent pu pénétrer dans les terrains qui avoisinent le granite. Près des terrains feldspathisés comme nous venons de le dire, le granite est souvent tout à fait décomposé, au point que l'on exploite cette roche comme sable pour les constructions, comme à Barembach, Andlau et dans beaucoup d'autres lieux des Vosges. L'eau qui avait dissous une partie des alcalis du feldspath était susceptible en s'introduisant dans les argiles d'y régénérer ce même minéral, et ces deux phénomènes probablement complémentaires, sont parfois visibles à quelques centaines de mètres l'un de l'autre.

Décomposition et régénération du feldspath sur des points voisins.

Nous avons reconnu que le feldspath soumis à 400 degrés à l'action de l'eau alcaline ne subit aucune altération, et il n'y a pas à s'en étonner puisqu'il se trouve alors dans les conditions même où il prend naissance. Mais à des températures moins élevées, l'eau pure ou tenant certaines substances en dissolution peut attaquer le même composé de manière à le transformer en kaolin ou peut-être en zéolites. Ainsi quand les galets feldspathiques se réduisent par le frottement, dans le sein des eaux, en limon imperméable, il subit même à la température ordinaire une décomposition lente, comme je l'ai constaté dans une autre série d'expériences (1).

L'eau, selon les conditions, produit ou décompose le feldspath.

L'examen direct des phénomènes naturels nous conduit à la même conclusion que, selon les circonstances, l'eau agit sur le feldspath d'une manière inverse · elle

---

(1) *Comptes rendus de l'Académie des sciences*, tome XLV, p. 997.

peut le produire ou décomposer. Des nappes entières de porphyre rouge quartzifère subordonnées au terrain du grès rouge, ont subi une décomposition profonde ; les cristaux de feldspath et la pâte elle-même ont été kaolinisées à une température qui, selon toute probabilité, était inférieure à celle où ces mêmes cristaux avaient pris naissance.

Autres exemples de roches feldspathisées. Il est beaucoup d'autres contrées où des minéraux de la famille des feldspaths ont pris naissance dans des roches, comme épigénies. Je me bornerai à signaler ici les schistes verts du Taunus, nommés schistes à *séricite*, dont les veinules renferment parfois de l'albite aussi nettement cristallisée que celle qui occupe un gisement semblable dans l'Oisans et que renferment toutes les collections de minéralogie. Comme l'albite de l'Oisans, elle est accompagnée de quartz, d'épidote, et, pour surcroît de ressemblance, d'axinite (1).

Développement du feldspath dans les couches calcaires. Au lieu de se développer dans les roches argileuses, le feldspath s'est souvent aussi formé dans des calcaires. Les Alpes présentent de nombreux exemples de ce fait qui ont déjà été observés par Saussure (2), et que l'infatigable explorateur de cette chaîne de montagnes, M. Studer, a décrits avec détails (3). Cette transformation des couches calcaires en roches feldspathiques a aussi donné lieu à d'intéressantes observations de M. Volger (4), et M. Bischof s'est appuyé sur ces faits pour montrer que le feldspath ne peut avoir été formé par voie sèche (5). Un exemple des plus remarquables

(1) Cette dernière substance a été rencontrée récemment à Kœnigstein par M. Scharf.

(2) *Voyages dans les Alpes*, in-4, t. II, p. 390 et chap. 38.

(3) *Geologie der Schweiz*, t. I, p. 380.

(4) *Jahrbuch fur mineralogie*, 1854, p. 257.

(5) *Lehrbuch der geologie*, t. II, p. 2544.

se trouve dans le massif du mont Blanc, particulièrement au col du Bonhomme, où les calcaires magné-
siens, léjà signalés par Brochant dans son beau travail
sur les terrains de la Tarentaise, et désignés plus tard par
Alexandre Brongniart sous le nom de *calciphyre feldspathique*, sont effectivement parsemés de cristaux d'albite. Le calcaire en se modifiant ainsi n'a pas d'ailleurs
toujours échangé sa compacité primitive contre l'état
cristallin.

Les développements du felsdpath, sous des formes
très-variées dans les roches métamorphiques des Alpes
et de beaucoup d'autres contrées, s'expliquent par les
réactions que nous avons déjà exposées plus haut.

Nos expériences sur les productions des silicates par
voie humide serviront à expliquer bien d'autres particularités des roches métamorphiques.

Gisements
de pyroxène
produits par voie
humide.

Sans sortir des Alpes où le phénomène s'est développé
d'une manière si grandiose, comment n'admettrait-on pas
cette origine pour les roches dont a été séparé le pyroxène
diopside en Piémont et dans le Tyrol, après avoir reconnu
les conditions de son gisement et avoir vu les cristaux de
même nature formés par voie humide? ou pour les roches d'Achmatowsk dans l'Oural, qui, comme celui
des Alpes, est accompagné de grenat ou de chlorite cristallisée? On doit étendre la même conclusion aux py-
roxènes disséminés dans divers calcaires métamorphiques, tels que ceux des îles Hébrides ou des
Pyrénées.

Il serait difficile de ne pas y comprendre également
les blocs de calcaire de la Somma, dont les géodes sont
régulièrement incrustées de cristaux de diopside, de mica
et d'autres minéraux, qui tous ont évidemment pris
naissance sous l'influence de l'eau, et d'une température élevée.

Silicates anhydres
développés
dans une roche
à polypiers.

Au point de vue qui nous occupe, il n'est peut-être pas de localité connue qui soit plus digne d'intérêt que les environs de Rothau, dans les Vosges, notamment le lieu nommé Petit-Donon. Le granite syénitique a pénétré des couches dévoniennes, et jusqu'à quelques centaines de mètres du contact, elles sont entièrement modifiées. Sur certains points, la roche ne consiste plus qu'en un mélange de pyroxène lamellaire, d'épidote et de grenat compacte, avec des mouches de galène. Au milieu de la roche entièrement formée de silicates de cette nature, j'ai reconnu les empreintes parfaitement conservées de nombreux polypiers; ce sont surtout des *calomopora spongites* (Goldfuss) et des *flustres*. Il y a plus : les cavités même laissées par la disparition partielle du calcaire de ces polypiers sont hérissées de cristaux du même minéral qui forme la pâte : le plus abondant est l'amphibole noire en cristaux allongés, d'une netteté parfaite, pénétrant parfois dans les cristaux de quartz; fait très-fréquent dans les Alpes, au milieu de roches ayant perdu toutes traces de fossiles. Du grenat vert d'herbe fait partie des mêmes géodes, et rappelle tout à fait celui de Monzoni en Tyrol, ou de Drammen en Norwége. Enfin, parmi ces divers minéraux j'ai reconnu aussi l'axinite en cristaux volumineux, dont la présence n'avait encore été signalée dans aucune roche fossilifère.

Comme les polypiers que M. Elie de Beaumont a autrefois signalés au milieu de la dolomie de Gerolstein, les débris organiques si bien conservés à Rothau méritent d'être considérés comme des monuments classiques du métamorphisme. Ils nous apprennent, en effet, qu'une roche incontestablement d'origine sédimentaire est aujourd'hui formée de silicates anhydres et cristallisés, comme le pyroxène, l'amphibole, le grenat, l'épidote et l'axinite; et de plus, que cette roche s'est ainsi profondément transformée, sans se ramollir nota--blement, puisque les délicatesses de la surface des polypiers y sont bien conservées.

Ces circonstances, dont l'action de l'eau suréchauffée et se propageant suivant certaines directions rend si bien compte, se reproduisent fréquemment. Ainsi les amas de fer oligiste de Framont, situés à 10 kilomètres de là, dans une position géologique toute semblable, renferment des gangues de même nature que celles du Petit-Donon de Rothau; ces gîtes ont été vraisemblablement produits par des actions tout à fait analogues à celles que nous venons de chercher à éclaircir. Il en est de même des amas de contact du Banat, des environs de Christiania, de Turjinsk dans l'Oural, de ceux de la Toscane, avec leurs boules d'amphibole radiée et d'yénite enclavés dans le calcaire, et, en général, de beaucoup d'amas métallifères qui ont pris naissance à proximité de roches éruptives, et qui ont pour gangues des minéraux silicatés.

Une transformation aussi complète que celle des roches de Rothau, subie par une roche stratifiée sans qu'il y ait eu ramollissement, explique aussi la conservation de ces nombreux fragments parfaitement anguleux que renferment très-souvent les roches granitiques, et dont on peut voir des exemples nombreux dans les dalles des trottoirs de beaucoup de grandes villes. Dans les Vosges ces fragments sont surtout abondants vers la périphérie des massifs granitiques. Dans le granite porphyroïde, les fragments consistent en granite à grain fin et très-chargé de mica. Ceux que renferme la syénite tiennent de la nature de la masse enveloppante; ce sont des blocs de syénite à grains fins ou de diorite micacée, où l'amphibole est ordinairement en longues aiguilles, comme

Fragments de roche micacée ou amphibolique dans les roches granitiques.

dans les géodes des polypiers de Rothau. Tantôt ces blocs ont quelques centimètres de côté, tantôt ils atteignent la dimension de plusieurs mètres cubes. Il n'est pas rare qu'ils soient assez rapprochés pour que leur ensemble constitue une brèche dans laquelle la syénite enveloppante forme de nombreuses ramifications (1).

Autres silicates produits par voie humide. Bien des silicates autres que ceux que nous avons déjà imités, et peut-être la totalité de ceux que présente le règne minéral, peuvent être reproduits également par voie humide. Les analogies chimiques aussi bien que les associations de gisement le prouvent bien clairement. Mais je préfère ne pas devancer par des déductions géologiques plus étendues les résultats de l'expérience qui peut-être ne se feront pas attendre.

Action de la vapeur d'eau semblable à celle de l'eau liquide. Remarquons encore qu'à cette température, vers laquelle nous venons de voir la voie humide imiter avec tant de facilité les silicates produits par voie sèche, tout en en créant d'autres qui lui sont propres, la vapeur d'eau agit, comme nous l'avons également reconnu, à la manière de l'eau liquide. Il n'y a donc pas lieu de chercher, dans les phénomènes géologiques produits dans de telles conditions de chaleur, une démarcation tranchée entre l'action de l'eau liquide et celle de l'eau à l'état de vapeur.

Relation de la structure des terrains schisteux avec le métamorphisme. La schistosité qu'acquièrent les tubes de verre est un effet évident du mode de fabrication qui a imprimé à la masse une structure par couches superposées. C'est une sorte d'hétérogénéité qui peut être décelée à l'aide de l'action subtile de la lumière polarisée, mais qui pour l'œil nu est primitivement cachée dans une apparente homogénéité. Elle n'apparaît que quand l'eau, par une action inégale, a dessiné les zones de nature différente,

---

(1) *Description géologique du Bas-Rhin*, p. 28 et 33.

et mieux encore après que la substance, déjà modifiée en partie, a subi un retrait. Ces feuillets sont, en effet, beaucoup plus prononcés dans certains tubes que dans d'autres.

Il est très-possible qu'un effet du même genre se manifeste par métamorphisme sur des roches qui étaient peut-être d'abord homogènes, mais qui, par suite des forces mécaniques auxquelles les masses ont été exposées dans les phénomènes de dislocation, ont dû présenter, comme le verre, des différences de densité et d'élasticité, en sens divers (1). Toujours est-il que la disposition feuilletée ou quelquefois simplement rubanée du verre métamorphique rappelle tout à fait la structure caractéristique des terrains schisteux cristallisés, qui jusqu'à présent n'a pas été imitée autrement par l'expérience.

Je terminerai par quelques observations générales qui montrent, comme les exemples de détail que je viens de signaler, une ressemblance évidente entre les circonstances où se sont produits les phénomènes naturels et celles où nous nous sommes placés dans nos recherches. *Observations générales.*

L'influence de la pression sur les actions chimiques qui ont transformé les roches est, en effet, tout aussi claire dans la nature que dans l'expérience directe. *Influence de la pression dans les actions chimiques produites par les roches volcaniques.*

Les laves les plus chaudes et les plus chargées de vapeurs aqueuses, non plus que les basaltes et les trachytes, ne modifient pas les roches sur des épaisseurs notables, tant qu'elles agissent sous la simple pression atmosphérique. Mais les nombreux blocs de calcaire venus des foyers volcaniques dans les tufs de la *Exemple de la Somma.*

---

(1) Parmi les divers savants qui ont étudié ce sujet, je rappellerai MM. Sedgwick, Élie de Beaumont, de la Bèche, Sharpe Hopkins, Strickland, Sorby, Tyndal et récemment M. Laugel.

Somma nous montrent, dans leurs géodes tapissées de minéraux si variés et si bien cristallisés, ce que peuvent produire les mêmes agents, lorsqu'ils sont encore renfermés dans la profondeur.

Même fait au Kaiserstuhl. Un fait tout à fait comparable nous est offert dans le petit massif basaltique du Kaiserstuhl, dans le grand-duché de Bade.

Contrairement à ce que l'on a observé généralement, un lambeau de calcaire arraché par le basalte aux terrains qu'il a traversés, est modifié de la manière la plus profonde. Ce calcaire, devenu tout à fait lamellaire, renferme en effet des cristaux octaédriques de fer oxydulé titanifère, de la pyrite de fer, du mica magnésien semblable à celui de la Somma, de la perowskite et du pyrochlore cristallisé, qui rappellent le gisement de l'Ilmen. J'y ai, en outre, constaté la présence de cristaux de quartz, enchevêtrés au milieu des premiers minéraux, et qui ont été formés évidemment dans les mêmes conditions. Enfin, le calcaire traité par un acide très-faible laisse d'innombrables aiguilles que j'ai reconnues pour de l'apatite. Des échantillons de calcaire que j'ai rapportés de la Somma, avec du fer oxydulé et de l'apatite, ressemblent, à s'y méprendre, à certaines variétés du calcaire du Kaiserstuhl. La présence du mica magnésien, abondant dans les deux localités, établit une analogie de plus entre les agents qui y ont développé cette série de minéraux remarquables. J'ajouterai, d'ailleurs, que ce n'est pas toujours près du contact même du basalte que l'accumulation des minéraux faite sous son influence s'est opérée de préférence : aussi ne peut-on admettre que le calcaire ait précipité ces minéraux par une action de voie sèche.

Gisement originaire de ces calcaires. Le privilége qui a été accordé au calcaire du Kaiserstuhl, exceptionnellement parmi les roches en contact avec les basaltes, me paraît résulter clairement de son gisement. Ce calcaire est en effet situé au centre même d'un cirque de soulèvement des mieux caractérisés. Avant que la dernière dislocation subie par le massif basaltique fît affleurer ce calcaire au jour, il était soumis à une certaine profondeur, et par conséquent sous pression, aux eaux chaudes dont le basalte était lui-même imbibé et qui y ont aussi déposé des minéraux dans d'innombrables boursouflures.

De même que le calcaire du Kaiserstuhl, le calcaire si riche en minéraux variés de la Somma et celui du Latium ont été élaborés dans des points où se sont formés des cratères de soulèvement, quand la pression même sous laquelle se faisait la modification de ces roches a brisé leur couvercle, d'abord hermétiquement fermé. La cause des réactions chimiques a été annulée quand une issue lui a été ouverte.

Ainsi, au milieu même des foyers ignés les plus incontestables, dont les soulèvements ont amené au jour les produits antérieurs, on rencontre des phénomènes inexplicables par la chaleur seule; des phénomènes qui démontrent l'influence de la pression comme agent de transformation et qu'il faut, selon toute vraisemblance, rapporter à l'eau surchauffée.

Dans les terrains stratifiés de tous les âges, le phénomène du métamorphisme se lie toujours à des dislocations.

Relation des phénomènes métamorphiques avec les dislocations.

D'une part, en effet, les terrains stratifiés les plus anciens de la Russie et de Suède méridionale, comme ceux de l'Amérique du Nord, qui ont conservé leur horizontalité première, ne sont pas sensiblement transformés. D'autre part des terrains récents, mais fortement accidentés dans leur stratification, tels que les couches jurassiques et crétacées des Alpes, des montagnes Apuennes et de la Toscane, ont été au contraire complétement modifiés, lors même qu'on n'y rencontre que peu de masses éruptives. Les phyllades ne sont que le premier terme de transformations plus profondes; aussi ne se trouvent-elles jamais en dehors de zones autrefois plus ou moins disloquées.

Rapprochement avec les sources thermales.

Les sources thermales sont toujours en relation avec des accidents de structure du même genre, et d'immenses contrées sans dislocation, comme la Russie, en sont complétement dépourvues.

Il est donc difficile de ne pas apercevoir une liaison entre les deux espèces de phénomènes; il est difficile surtout de s'y refuser, quand l'expérience nous montre les eaux minéralisées comme un des agents les plus énergiques du métamorphisme que nous parvenons à reproduire artificiellement.

Les sources que nous voyons jaillir sous la simple pression atmosphérique ne dépassent pas la température de 100 degrés; mais on ne doit pas en conclure que dans la profondeur des roches, et plus près des masses où elles s'échauffent, l'eau ne puisse pas atteindre, aussi bien que dans nos tubes, une température beaucoup plus élevée. Dès lors, il est impossible que des eaux suréchauffées et douées d'une force expansive considérable ne se frayent pas une voie, vers la surface du sol, à travers toutes les roches voisines. Elles choisissent de préférence celles qui sont le plus perméables; mais elles peuvent cependant agir aussi, comme nous le voyons pour le verre, sur les masses tout à fait imperméables. En présence des résultats des expériences dont nous venons de parler, on ne peut douter que dans leur trajet plus ou moins prolongé à travers d'innombrables canaux capillaires, ces eaux ne soient un agent extrêmement puissant pour transformer des roches variées et y engendrer des silicates anhydres ou hydratés, aussi bien que d'autres minéraux que la voie humide produit dans les mêmes conditions de température.

Quant aux profondeurs auxquelles peuvent se produire les phénomènes de métamorphisme et une très-grande chaleur dans les sources thermales, je ferai observer que sur les trois quarts de la surface du globe, les sources ne peuvent apparaître sans surmonter la pression des mers qui ne doit pas être évaluée, en moyenne, à moins de deux cents atmosphères. Or, quand même les roches auraient été transformées à de grandes profondeurs, des brisements violents, comme ceux qui ont fait surgir la chaîne des Alpes, peuvent les avoir fait apparaître ultérieurement à la surface même du sol.

Pour le remplissage de la plupart des filons métallifères, les eaux ont apporté dans de longues fissures où elles circulaient librement, les matériaux dont elles étaient chargées. Ce phénomène est donc à vrai dire un cas particulier du métamorphisme; et en effet, dans bien des contrées, telles que les régions stannifères du Cornouailles, de la Saxe et de la Bohême, ou mieux encore, dans la grande zone des terrains du Brésil, qui renferment l'or, le platine et les pierres gemmes, on voit clairement la liaison intime des deux phénomènes.

Liaison avec l'origine des gîtes métallifères.

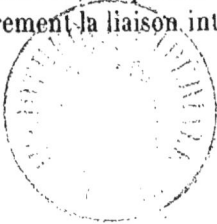

Paris. — Imprimé par E. Thunot et Cᵉ, 26, rue Racine.

94

www.ingramcontent.com/pod-product-compliance
Lightning Source LLC
Chambersburg PA
CBHW071344200326
41520CB00013B/3111